Foto: RPic

Verlag Podszun-Motorbücher GmbH
Elisabethstraße 23-25, D-59929 Brilon
Internet: www.podszun-verlag.de
E-Mail: info@verlag-podszun.de

Herstellung LUC Medienhaus, Greven

ISBN 978-3-7516-1059-9

Jahrbuch 2023 Schwertransporte
und Autokrane

PODSZUN

Liebe Leserin, lieber Leser!

Vor Ihnen liegt die 19. Ausgabe des Jahrbuchs Schwertransporte & Autokrane und wir freuen uns, Ihnen wieder interessante Themen rund um Ihr Hobby anbieten zu können. Dank gilt an dieser Stelle allen Autoren und Bildgebern, die in den letzten Wochen und Monaten mit Engagement und einer Menge Zeitaufwand gearbeitet haben, damit dieses Jahrbuch rechtzeitig erscheinen kann. Übrigens: Abbildungen, die nicht namentlich gekennzeichnet sind, wurden jeweils von den Verfassern der Artikel zur Verfügung gestellt.

Vielen Dank, liebe Leserin, lieber Leser, dass Sie dieses Buch erworben haben. Wenn es Ihnen gefällt, schauen Sie doch bitte auf die beiden vorletzten Seiten, auf denen wir eine kleine Auswahl unseres Verlagsprogramms präsentieren. Wir schicken Ihnen gerne völlig kostenlos und unverbindlich unser Gesamtverzeichis zu. Außerdem finden Sie alle unsere Bücher in unserem Webshop unter www.podszun-verlag.de.

Danke auch, liebe Leserin, lieber Leser, für die Zuschriften oder Telefonate, in denen Sie Kritik äußerten und Anregungen lieferten. Wir freuen uns auf den Kontakt mit Ihnen und sind gerne bereit, Ihre Wünsche zu berücksichtigen. Viel Vergnügen bei der Lektüre und beim Betrachten der Bilder. Das nächste Jahrbuch, die Ausgabe 2024, ist ab Oktober 2023 erhältlich.

Ihr Redaktionsteam „Jahrbuch Schwertransporte & Autokrane"

P.S.

Sie können das Jahrbuch in Buchhandlungen oder direkt beim Verlag auch abonnieren. Von einigen früheren Ausgaben sind noch Restexemplare lieferbar. Fordern Sie kostenlos und völlig unverbindlich unser Gesamtverzeichnis an mit Büchern über Traktoren, Forstmaschinen, Baumaschinen, Lastwagen, Schwertransporte, Autokrane, Autos, Motorräder, Lokomotiven und Feuerwehrfahrzeuge:

Verlag Podszun-Motorbücher GmbH, Elisabethstraße 23-25, D-59929 Brilon
Telefon 02961 / 53213, Email: info@podszun-verlag.de
Internet: www.podszun-verlag.de

Michael Müller

Bahnbrückenhub in Brackwede

Im Bielefelder Stadtteil Brackwede befindet sich ein größerer Bahnhof mit mehreren Durchfahrtgleisen. Von der Hauptstrecke Dortmund – Hannover zweigen hier zwei weitere Bahnlinien ab. Entsprechend groß ist das Umsteigepotential. Die Deutsche Bahn hat mittlerweile einige Bahnsteiganlagen für mehrere Millionen Euro saniert und auf den heutigen modernen Stand der Technik gebracht. Im Zuge dessen wurde der Zugangstunnel entsprechend saniert und konnte infolgedessen während der Arbeiten nicht benutzt werden. Um jedoch die Bahnsteige weiter in Funktion zu halten, wurde eine Behelfsbrücke installiert, die über mehrere Jahre dazu beitrug, den Verkehr aufrecht zu erhalten.

Nachdem ein Großteil der Arbeiten abgeschlossen war, konnte die Brücke wieder abgebaut werden. Hierzu wurde die Firma Jandt mit ihrem Liebherr LTM 1250 - 5.1 beauftragt. Es brauchte zwei Nächte, die Hubarbeiten auszuführen. Diese Fotos entstanden bei dem zweiten Nachteinsatz.

Bei der Brücke handelt es sich um eine Konstruktion, die auf jede Baustellensituation angepasst werden kann. So wurde sie nach dem Ausheben wieder in ihre Einzelteile zerlegt, sorgfältig verstaut und zu ihrem Lagerplatz abtransportiert, bis sie für einen erneuten Einsatz wieder hervorgeholt werden wird.

Zunächst wurde der Kran aufgebaut, etwa gegen 23 Uhr beginnen die Arbeiten. Einige Flutlichtlampen erhellen das Geschehen ein wenig.

Mitarbeiter der Brückenabbaufirma haben die Brücke gesichert „erklommen" und versuchen nun vorsichtig, die Seile anzuschlagen. Ein spezieller Zwei-Wege-Lkw mit Gleisfahrwerk und Hubbühne, der auch auf Schienen fahren kann, hat die Oberleitung im Blick. Hier darf nichts beschädigt werden.

Alle vier Hubseile sind befestigt, nun beginnt das „mühselige" Losschrauben der Kugel-Verbindungselemente. Dieses haben die Monteure der Montagefirma jedoch im Griff.

Die Seile werden vorsichtig auf „Zug" gebracht, alles spannt sich und die Brücke macht Entlastungsgeräusche. Die Auflagergestelle, auf denen vorher die Aufstiegstreppen montiert waren, werden in weiteren Hüben anschließend entfernt. Dann sind alle Kugeln gelöst, die Brücke schwebt in der Luft.

Vorsichtig wird die Brücke verschwenkt, immer die Oberleitungen im Blickfeld. Der Brückenträger wird seitlich neben dem Weg abgelegt und kann dann in den Folgetagen demontiert werden.

Zum Schluss wird die Aufgangskonstruktionen weggehoben. Der nächtliche Einsatz ist beendet.

Michael Müller

Brückeneinfuhr in Bielefeld

Unweit des Bielefelder Hauptbahnhofs mussten drei Brücken bei laufendem Verkehr erneuert werden. Um die Beeinträchtigungen des Schienenverkehrs so gering wie möglich zu halten, hatte man sich seitens der Deutschen Bundesbahn entschieden, die beiden äußeren Brückensegmente an einem anderen Ort zu bauen, um dann diese fast fertiggestellten Teile mittels SPMT (Self-Propelled Modular Transporter) Fahrwerken an die passende Stelle einzufahren. Mit diesem Verfahren verkürzte sich die Baustellendauer erheblich, da nur die Brückenköpfe vor Ort gebaut werden mussten. Eine logistische Meisterleistung war dennoch nötig, da über die verbliebenen Gleise bis zu 600 Züge täglich geleitet werden mussten, ein richtiges Nadelöhr. Nachdem die beiden äußeren Brückenteile eingebaut, fertiggestellt und die Gleise wieder in Betrieb genommen wurden, konnte das mittlere Brückenstück aufwändig abgerissen und wieder neu vor Ort aufgebaut werden. Die Verfahrarbeiten der Brückenteile wurden von Wagenborg mit SPMT Fahrwerken durchgeführt, die Kranarbeiten erfolgten von Jandt Autokrane Bielefeld. Gebaut wurde die große Brücke auf einem angrenzenden brachliegenden Areal. Für den Transport zum Aufstellort war allerdings eine größere Menge Schotter nötig, um den Fahrweg zu bauen, der anschließend wieder entfernt wurde.

Anlieferung der SPMT Module der Firma Wagenborg aus Holland mittels normalem Sattelauflieger. Ein Powerpack ist an das Vierachsmodul angekoppelt, insgesamt kommen drei Powerpacks zum Einsatz.

Auf der beengten Fläche werden die Module eines nach dem anderen mit einem Liebherr LTM 1100 – 5.2 der Firma Jandt aus Bielefeld abgeladen und erst einmal an der Seite geparkt. Unten sieht man, wie Material für die Tragekonstuktion der Brücke angeliefert wird.

Nächtliche Impression: der LTM 1100 – 5.2 kommt in vollballastierter Ausführung zum Einsatz.

Am darauf folgendem Tag beginnt man, die Achslinien zusammenzubauen. Oben ist schon die schwere neue Brücke zu erkennen. Es wird fleißig am „Einfahrtsort" der Brücke gewerkelt.

Nach einiger Zeit und viel Montagearbeit ist die Tragekonstruktion auf den Achslinien zusammengebaut. Sehr interessant, wie aus diesen Baukastensystemen alles für den jeweiligen Einsatz angepasst werden kann. Die drei Achslinien zu jeweils 16 Achsen sind mit drei Powerpacks bestückt Sie haben eine Last von ca. 900 t zu tragen.Jetzt wird auch der Rollweg hergerichtet, die Straße gesperrt und mit Schotter verfüllt, damit die Brücke auch in der Ebene gefahren werden kann.

Der große Tag ist gekommen. Schon früh hat die Brücke sich gehoben und auf den Weg zu ihrer neuen Position gemacht. Die vielen Bewährungseisen, die seitlich aus der Brücke herausschauen, werden später einbetoniert, um einen vernünftigen Verbund zu erhalten. Man beachte die drei Querrohre, die die seitlichen Druckspannungen aufnehmen. Sie sorgen dafür, dass die seitlichen Brückenteile durch ihr Gewicht nicht nach innen klappen. Ganz langsam verlässt man den Bauort. Zurück bleibt das Montage-Fundament, was nun im Nachsatz entfernt werden kann.

Die aufgeschüttete Straße wurde mit vielen Blechen ausgelegt, um eine flächige Gewichtsverteilung zu ermöglichen. Unter zahlreichen wachsamen Augen geht es ganz langsam voran.

Aus der Vogelperspektive ist die Baustelle gut zu erkennen. Die Straße ist schon überquert und man „peilt" das Brückenloch, also den Lagerpunkt der neuen Brücke, millimetergenau an. Einige Leitungen auf dem Weg der Brücke müssen noch „händisch" angehoben werden, damit nichts abreißt und die Brücke weiter verfahren werden kann.

Der riesige Vorteil der SPMT Achslinien besteht darin, dass sie millimetergenau in jede Richtung im Schneckentempo gesteuert werden können. Durch den Achsausgleich ist ein gewisses Maß an Hubhöhe einstellbar. Unten im Hintergrund links der Bielefelder Hauptbahnhof, links unten die zweigleisige Brücke. Links daneben entsteht eine weitere Brücke, die auch auf diese Weise eingefahren wird.

Oben sind es noch etwa 6 m bis zum Ziel oder zum Erreichen der Endposition. Hier wird noch zigfach gemessen und nivelliert, bis die endgültige Position erreicht ist. Dann wird die Brücke auf vorbereiteten Füßen abgesetzt, die Querrohre werden gelöst und das komplette Transportgerät fährt aus der Brücke hervor. Anschließend werden die Unterseiten der Brücke, wo die Bewährungseisen sind, noch entsprechend eingeschalt und mit Beton vergossen. Dieses passiert auch mit den Seitenanschlüssen. Nach vollständiger Trocknung erfolgen die Gleisschotterung und die Verlegung der neuen Gleise sowie das Wiederherstellen der Oberleitung. So kann die Brücke übergeben werden.

Der Selbstfahrer steht wieder auf dem Montageplatz, gut zu sehen sind die modulare Tragekonstruktion und die Querrohre. Die Baustraße ist inzwischen wieder entfernt worden.

In den nachfolgenden Tagen wird alles zerlegt, ein Teil jedoch wird noch zur Montage der Brücke auf der anderen Seite benötigt.

Der komplette Transporter wird allein von diesem Display aus gesteuert.

Erich Urweider

Ein Schwertransport der Superlative

300 Tonnen Generatorprototyp unterwegs in der Schweiz

Am 9. April wurde der vermutlich schwerste Transport des Jahres 2014 im Auhafen beladen. Es galt, einen rund 300 Tonnen schweren Generatorprototyp, der im Alstom-Werk in Warschau (PL) hergestellt worden war, vom Auhafen nach Birr ins Testfeld zu bringen.

Den Auftrag führte die bekannte Schwerlastspedition Friderici spécial aus Tolochenaz aus. Es dauerte den ganzen Tag, bis die 22-achsige Schwerlastkombination beladen war und der Generator in den Tragschnäbeln hing. Donnerstagnacht um 22:30 Uhr konnte der Transport dann in Begleitung der basellandschaftlichen Polizei losfahren. Durch Pratteln und Liestal ging es mit einer Zugmaschine und zwei Schubmaschinen, die die rund 530 Tonnen Gesamtzugsgewicht teilweise Millimeter um Millimeter voranschoben. Bei Abmessungen von 81,3 Meter Länge, 4,42 Meter Breite und einer Höhe von 4,32 Meter ging das Vorankommen teilweise nicht mal im Schritttempo vorwärts, sondern eher im Zeitlupentakt. Die Erleichterung war trotzdem groß, als Liestal mit seinen für diese Kombination teils sehr engen Kurven im Rückspiegel verschwand, um dann weiter in Richtung Waldenburg und mit einer zusätzlichen Zugmaschine über den oberen Hauenstein nach Oensingen zu fahren. Auf dem Schützenhausparkplatz von Oensingen wurde danach der Tag verbracht.

Vorbereiten des gesattelt gefahrenen Tragschnabels

Danach wird die eine Seite verbolzt

Der Adapter wird auf der anderen Seite des Generators angehängt und verbolzt

Der hintere Teil muss auf der Festlandseite des Hafengeländes vorbereitet werden, da der Kran noch für weitere Arbeiten benötigt wird

Die Zwischenstücke lassen sich auch mit dem kleinen Kran anbringen

Am nächsten Abend ist der Transport abfahrbereit. Etwa 81 Meter Länge und 530 Tonnen Gewicht bringt die Schwerlastkombination auf die Waage.

Der Platz an der Hafenausfahrt wird voll ausgenutzt, zumal hier reichlich Platz vorhanden ist

Der erste Kreisverkehr in Pratteln wird verkehrt herum befahren. Es wird nicht der letzte bleiben ...

Am nächsten Kreisverkehr wird richtig herum gefahren, allerdings ist Vorsicht geboten, damit der Generator nicht aufsetzt

Die nächste Nacht sorgte für Anspannung. In der zweiten Nacht fuhr der Transport bereits um 21 Uhr los und wurde natürlich wieder von der Polizei begleitet. Aufgrund der Berichterstattung und weil Freitagabend war, erlangte der Transport einiges Interesse. Fast an jedem Kreisel standen Schaulustige, um die Fahrkunst der drei Chauffeure und des Transportteams zu bewundern. In Hägendorf zog es zahlreiche Restaurant- und Barbesucher hinaus, um zu sehen, was denn am Kreisel los sei. Nun, durch ein etwas unglückliches Fahrmanöver war ein Bremszylinder am Stellriemen des Kreisels aufgesetzt und beschädigt. Nach kurzer Reparatur ging es dann aber zügig weiter. Dass da etwas Großes unterwegs war, das ging dem Transport nun via Handy und Facebook wie ein Lauffeuer voraus. Und so waren auch an der City-Kreuzung in Olten zahlreiche Schaulustige anzutreffen. Dank der Demontage eines Lichtsignals konnte in einem Zug abgebogen werden, denn die meisten (oft kleineren Spezialtransporte) „sägen“ dort einmal, um die Kurve zu kriegen. In Niedergösgen ging es dann wieder um Millimeter. Teilweise hatte keine Hand mehr Platz zwischen Stoßstange vom Zugfahrzeug und Stützmauer. Aber der interessanteste Moment des Transports stand noch bevor:

In Erlinsbach wurde extra wegen des Transports der Dorfbrunnen abmontiert. Die Gelegenheit nutzte man gleichzeitig aus, um den Brunnen zu restaurieren, während richtig große Transporte durchgeführt werden. So konnte, nachdem die beiden Schubmaschinen abgekoppelt worden waren, der ganze Zug erstmal vorwärts auf die Kreuzung und dann rückwärts auf den Dorfplatz manövriert werden. Die Anerkennung des anwesenden rund 200-köpfigen Publikums ließ sich in einem spontanen Applaus freien Lauf.

Nach einer Pause ging es dann mit Begleitung der aargauischen Polizei weiter via Umfahrung Aarau–Rupperswil nach Wildegg, wo glücklicherweise der Kreisel beim Rechtsabbiegen schwertransportfreundlich überfahrbar ist. Nachdem Möriken und Brunegg durchquert waren, kam das Ziel bereits in Sichtweite und um etwa 6 Uhr morgens wurde der Transport im Alstom-Werk Birr abgestellt. In den folgenden Tagen wurde der Generator dann in die Testhalle gebracht. Dort wird er wohl einige Zeit getestet, um zu sehen, ob die Erwartungen, die in den Prototyp gesteckt werden, sich erfüllen, oder ob die Idee, die Grundlage des Projekts, doch nicht so gut war.

Am Ortsausgang ist Ausholen, was nur eben geht, angesagt, sonst kann die neue Brücke mit Kreisverkehr nicht umfahren werden

Glücklicherweise wurde der Kreisverkehr groß genug gebaut, sodass er sogar mit einem Schwertransport von mehr als 80 Meter Länge er passierbar ist

Nur noch Zentimeter trennen die Stoßstange von der kleinen Mauer

Auf der anderen Seite berührt die Ladung fast die Hauswand

Der Nachläufer passt wiederum haarscharf am Betonblock vorbei

Oben: Die übernächste Kurve wurde mit Stahlplatten verbreitert, allerdings stehen jetzt Äste im Weg, die erst angehoben oder weggeschnitten werden müssen

Das Schauspiel, wenn die Achsen Hindernisse überwinden, ist jedes Mal aufs Neue beeindruckend

Aus einer Senke in die Gerade kommend setzt das Transportstück wieder fast auf. Der Platz ist wiederum fast zu eng, um überhaupt um die Kurve zu kommen.

Oben: Auch die letzte Abbiegung in Liestal wird unter Ausnutzung der maximalen Platzreserven genommen

Der erste Kreisverkehr ist bereits in Egerkingen zu durchqueren.

Am Dorfausgang ist ein großzügiger Doppelkreisverkehr zu durchqueren

Die anschließende Autobahnunterführung wird ebenfalls unterquert

Der Teufelsschluchtkreisel in Hägendorf wird angefahren

Der Fahrbahnteiler behindert die Fahrt nicht

Der Bremszylinder wurde beschädigt, was für etwas Zeitverzögerung sorgte

Die Reparatur konnte durch das professionelle Team zügig erledigt werden

Oben: Mit etwa einer dreiviertel Stunde Verspätung geht es weiter

Einfahrt in die City-Kreuzung in Olten

Unten: Das Lichtsignal wurde kurz demontiert, um das Durchschwenken der Ladung zu ermöglichen

Nun wird noch die "Biene-Maya" demontiert

Knapp passt der Generator unter der Beschilderung und über dem Verkehrsteiler durch

Der Kreisverkehr in Winznau kann ziemlich geradlinig durchfahren werden

In Niedergösgen muss der Platz ebenfalls vollständig ausgenutzt werden

Unten: Schön ist das Spiel der Achsen vom Nachläufer zu beobachten

Die S-Kurve verlangt nach Augenmaß, die Stützmauer streift schon fast

Die Kurve steigt zu allem Übel auch noch an

Vorbereitungen, um die Verkehrsinsel zu überfahren

Achsverschränkung wegen der Verkehrsinsel

Schon fast auf dem Dorfplatz, um die Lenkpause einzuhalten

Die Brücke, die Erlinsbach SO mit Erlinsbach AG verbindet, wird überquert. Die Schubmaschinen sind bereits wieder angekoppelt.

In Wildegg sind zwei Kreisverkehre zu bewältigen. Der erste kann einigermaßen gerade durchfahren werden.

Beim zweiten Kreisverkehr wird der eigentliche Kreisverkehr einfach über fahren. Hier stört kein Kunstwerk oder Ähnliches den Vorwärtsdrang. Einzig der Platz ist mit dieser Länge eingeschränkt.

Der Nachläufer wird auch langsam um die Kurve geschoben

Die S-Kurve in Möriken kann ebenfalls unter Ausnutzung des gesamten Platzes genommen werden

Das Ziel ist in Sichtweite, nur noch das Einfahrtstor muss geöffnet werden

Der Generator erreicht nach zwei Nächten etwa um 6:00 Uhr morgens seinen Bestimmungsort. Am Montag soll er dann abgeladen und anschließend ins Testfeld eingebaut werden.

Wolfgang Weinbach

Lastfall

„Pferd mit Reiter"

Einen solchen Lastfall dürfte es im Schwerlast-Gewerbe nicht alle Tage geben und dennoch musste sich die in Köln beheimatete Firma „Colonia Spezialfahrzeuge" mit ihren in den Kölner Stadtfarben „rut-wiess" (Kölner Dialekt = rot-weiß) gehaltenen Autokranen und Schwertransportern im Herbst 1990 mit diesem speziellen Auftrag beschäftigen.

Das „Päd met Teuter" (Pferd mit Reiter) war allerdings keine lebende Last, die es etwa zu bergen oder retten galt. Nein, es handelte sich um ein berühmtes Reiter-Denkmal von beachtlichen Maßen und mit interessanter Geschichte, welches da an der „Schäl Sick" (schlechte Seite / rechtsrheinische Seite Kölns) angelandet und über die Deutzer Brücke zur linksrheinischen Kölner Stadtseite auf den Heumarkt verfrachtet wurde. Aber holen wir zunächst ein wenig aus in der Geschichte dieses Reiter-Denkmals und gehen (oder reiten) zurück in die Zeit des 19. Jahrhunderts.

Nach den Napoleonischen Kriegen (1792 – 1815), die Stadt Köln gehörte seit 1794 zu Frankreich (!), besuchte Napoleon Bonaparte im Jahre 1804 kurz nach seiner Kaiserkrönung während einer Reise in die französischen Departements des Rheinlands auch die Domstadt. Gern gesehen war der französische Durchreisende allerdings bei der Bevölkerung nicht sonderlich. Nach Napoleons gescheitertem Russlandfeldzug im Jahre 1812 folgte mit der Verbündung Russlands und Preußens sowie dem Beitritt Englands und Schwedens in diese Allianz während der Völkerschlacht von Leipzig im Jahre 1813 die endgültige Niederlage Napoleons und dessen Abdankung im April 1814.

In der Folge sollte die Stadt Köln dem Königreich Preußen angehören. Auch damit war die überwiegend katholische Bevölkerung, bedingt durch die stark protestantisch geprägte Herrschaft der Preußen, nicht sonderlich zu beglükken. Der fern des Rheinlands von 1797 bis 1840 regierende König Friedrich Wilhelm III. (1770 – 1840) war jedenfalls ebenso unbeliebt wie der kleine Franzose zuvor.

Das Reiterdenkmal König Friedrich Wilhelm III. kurz nach seiner Fertigstellung 1878 auf dem Kölner Heumarkt. Im Hintergrund ist der Rathausturm und dahinter der noch in Holz eingerüstete Kölner Dom zu sehen, dessen Fertigstellung kurz darauf im Jahre 1880 erfolgte. Foto: Sammlung Weinbach

Den Blick gen Preußen gerichtet ist die Bronzestatue um 1900 inmitten der Kölner Altstadt zu sehen. Im Hintergrund die nahe Kirche Groß Sankt Martin.
Foto: Sammlung Weinbach

Der den Preußen freundlich gesonnene Kölner Oberbürgermeister Joseph Hermann Stupp (1793 – 1870) stieß hingegen während seiner Amtszeit (1851 – 1863) einen Spendenaufruf an. Zum Zeichen der „dankbaren Rheinlande" solle zum 50. Jahrestag der Vereinigung des Rheinlands mit Preußen 1815 dem „Befreier der Rheinlande von französischer Herrschaft" ein Kolossaldenkmal errichtet werden. Um dem Anliegen gleich ein wenig mehr an Überzeugungskraft zu verleihen, wollte man mit dem geplanten Denkmal zudem einer ganzen Reihe weiterer Persönlichkeiten, welche zu der industriellen, wirtschaftlichen sowie kulturellen Entwicklung beigetragen hatten, Respekt zollen. Einige militärische Koryphäen aus jener Zeit sollten natürlich gleichsam verewigt werden.

Wie nicht anders zu vermuten und aus der Nach-Preußen-Zeit nicht wegzudenken, stand die Bürokratie und so manch langatmige Diskussion, nicht zuletzt über den zu beauftragenden Künstler, der Umsetzung des Ehrenmals über viele Jahre entgegen. Im Mai 1864 war man aber schließlich doch so weit, dass es zur Auftragsvergabe für Sockel und Reiterfigur an einige bekannte Bildhauer kam. Der Bronze-Guss von „Pferd mit Reiter", die zahlreichen Sockel-Figuren und die Fertigung eines einfassenden Gitters konnten letztendlich im Jahre 1877 erfolgreich zum Abschluss gebracht werden. Heutzutage baut man in solchen Zeiträumen, wohlgemerkt im Lauf von 23 Jahren von Planung bis Fertigstellung ganze Opern oder Flughäfen, zumindest in der Theorie.

Die feierliche Enthüllung des Reiterstandbildes „König Friedrich Wilhelm III." erfolgte schließlich an einem September-Sonntag im Jahre 1878 durch Kaiser Wilhelm I., seines Zeichens seit 1861 König von Preußen und seit 1871 erster Deutscher Kaiser.

Erst einmal an seinem Platze stehend, freundeten sich die Kölner recht schnell mit der seinerzeit weltweit größten Reiterfigur an. Sie wurde zu einem vielbesuchten Ausflugsziel und Postkarten-Motiv. Was die Größe betraf, ließ sie denn mit 6,9 m Höhe und immerhin 11,57 t Bronze-Gewicht so bekannte Reiterstatuen wie die von Peter der Große (Sankt Petersburg), George Washington (Richmond) oder Friedrich II. von Preußen (Berlin) weit hinter sich. Mitsamt damaligem Sockel kam man in Köln auf eine Gesamthöhe von 11,7 m und eine Breite von 8,3 m. Selbst die den Sockel umgebenden Hochrelieffiguren wiesen eine Größe von rund 2,5 m auf, die Eckfiguren, allesamt Generäle, gar eine Höhe von 2,7 Metern.

Nach einigen Jahrzehnten als Reiterstandbild hoch zu Ross fiel König Friedrich Wilhelm III. sprichwörtlich dem Krieg zum Opfer. Während einer der zahlreichen Luftangriffe im Zweiten Weltkrieg fegte der Luftdruck einer britischen Luftmine das Standbild am 29. Juni 1943 vom Sockel. Der damalige Stadtkonservator konnte die kriegsbedingte Einschmelzung (Rohstoffmangel) zwar größtenteils verhindern, die Bronzeteile waren jedoch bei Wertstoff-Dieben nach Kriegsende sehr beliebt. Und so ging so manches Bronzeteil verlustig. Großteile von Ross und Reiter, diverse Relieftafeln und einige Podest-Figuren konnten gerettet werden und wurden über Jahrzehnte wegen Mangel an Depot-Platz im ganzen Kölner Stadtgebiet in Parkanlagen, auf Plätzen, auf Schulhöfen und bei Behörden „ausgestellt".

Der verbliebene Sockel fiel der straßenverkehrsmäßigen Umgestaltung im Jahre 1950 zum Opfer und wurde somit komplett entfernt. Ende der 1950er Jahre und einmal in den 1970er Jahren wurden Teile von Pferd und König respektlos eingeschmolzen. Lediglich der Königs-Kopf und die Pferde-Kruppe, also das „Gesäß" wurden vor der Verflüssigung gerettet. Letzteres hat im kölschen Dialekt als „Pädsfott" (Pferde-Hintern) überlebt und sollte dann nachfolgend tatsächlich einer Wiederverwendung zugeführt werden.

Schon Ende der 1970er Jahre erinnerte man sich seitens der Stadtkonservatoren an die eigentliche Bedeutung des alten Reiterstandbildes für Köln und schmiedete ab 1982 ernstgemeinte Pläne für eine Neu-Aufstellung an alter Stätte am Heumarkt. Hierfür mussten natürlich bestehen gebliebene Original-Teile (Reliefs und Sockelfiguren) oder Fragmente (Königs-Kopf und Pferde-Kruppe) zusammengesucht und mit diversen Neuteilen zu einem Reiterstandbild 2.0 komplettiert werden. Das kostete Geld und, wer wäre überrascht, viel Zeit.

Eine britische Luftmine brachte die rund 11,6 t schwere Bronze-Plastik im Jahre 1943 zu Fall. Lediglich ein Pferdelauf verblieb auf dem Sockel. Noch waren Ross und Reiter nahezu am Stück vorhanden. Auch die einstigen Altstadt-Häuser waren zu einem Großteil zerstört.
Foto: Sammlung Weinbach

Am 29. September 1990 brachte sich ein Liebherr LTM 1120 in den Kölner Stadtfarben „rut-wiess" unterhalb der Deutzer Brücke in Stellung.

So verwundert es nicht, dass sich die Wiederauferstehung des Reiterdenkmals einige Jahre hinzog. Zunächst erfolgte im Jahre 1984 etwas südlicher des ursprünglichen Standortes die Errichtung eines neuen Betonsockels, im Laufe des Jahres 1985 schließlich die Anbringung diverser Reliefs mit unzähligen Persönlichkeiten sowie der 16 Sockelfiguren aus Militär, Politik, Wirtschaft, Naturkunde und Kunst vergangener Epochen preußischer wie deutscher Geschichte. Nicht zuletzt um der noch ausstehenden Vervollständigung mit Ross und Reiter etwas Beschleunigung zu verleihen, ließ der Kölner Bildhauer Herbert Labusga im September 1985 in einer sprichwörtlichen Nacht- und Nebel-Aktion eine solche Reiterfigur in Originalgröße und mit freundlicher Unterstützung eines Kölner Kranverleihers auf dem immer noch leeren Sockel aufstellen. Das Reiterstandbild sah beeindrukkend echt aus, war jedoch für „kleines Geld", man sprach von nicht einmal 10.000 DM (Deutsche Mark für alle jüngeren Leser), gefertigt. Als Material diente Styropor, was natürlich einer dauerhaften Duldung auf dem Sockel entgegensprach. Diese „Provokation" konnten die Stadtoberen nicht auf sich sitzen lassen. Und so kam wieder (etwas) Fahrt auf in Sachen „Pferd mit Reiter". Nachfolgend wurde das Reiterstandbild endlich ab Sommer 1990 (!) unter Einbezug der originalen Überbleibsel von Königs-Kopf und „Pädsfott" quasi neu erschaffen.

Vom Düsseldorfer Bildhauer Raimund Kittl zum Materialpreis von rund 350.000 DM erschaffen, kam der ehemalige Preußen-König Friedrich Wilhelm III. hoch zu Ross, nein per Rheinschiff, am 29. September 1990, also kurz vor der Wiedervereinigung, aus Düsseldorf in Köln an. Die Stadtoberen machten aus der Rückkehr eine Art Stadtfest. So schwebte die Bronzefigur per Colonia-Autokran aus dem Schiffsbauch direkt auf die den Rhein querende Deutzer Brücke. Dort wartete ein entsprechender Tieflader des gleichen rut-wiessen Schwerlastspezialisten, um dem König auch die letzten knapp 400 Meter Weg bis hin zum Sockel zu ermöglichen. Die beiden Fahrspuren von der „schäl Sick" ins linksrheinische Köln waren hierfür natürlich komplett für den Straßenverkehr gesperrt. Fußgänger hingegen waren auf Fußwegen wie Fahrspuren zugelassen und säumten denn auch zu einigen Hunderten die Heimfahrt.

Am Heumarkt, unmittelbar neben der Brükkenrampe, wartete bereits ein weiterer Colonia-Autokran, der dafür sorgte, dass der Bronze-König mit Blick gen Preußen auf seinem Sockel seinen angestammten Platz fand.

Langsam schwebt der neu erschaffene König Friedrich Wilhelm 2.0 in seine alte Heimat ein. Im Hintergrund von links die Türme von Groß Sankt Martin, Rathausturm und die zwei Spitzen des Doms.

Auf der Deutzer Brücke geht es vor vielen Menschen auf die letzte Reiseetappe.

Der kölsche Schwertransporter hatte bestimmt schon schwerere Lasten zu befördern gehabt, eine solche Aufmerksamkeit wie an jenem Tag gehörte aber bestimmt nicht zum Tagesgeschäft.

Die rückseitige Absicherung des Schwertransportes erfolgte von einem eher seltenen BF3-Fahrzeug.

Auf dem linksrheinischen Heumarkt, unmittelbar neben der Brückenabfahrt der Deutzer Brücke, erfolgte die endgültige Aufstellung von Ross und Reiter auf ihrem neuen Sockel. Der Aufstellungsort lag dabei rund 100 Meter südlich des ursprünglichen Standortes, inmitten der Altstadt. Für den Kranhub hatte man hier einen Krupp KMK 5090 aufgeboten.

Auch hier hatten sich einige hundert Schaulustige eingefunden. Für deren leibliches Wohl war bestens gesorgt.

Erich Urweider

Via Bernina, 2328 m über dem Meeresspiegel

Der Berninapass ist bekannt als Namensgeber für Nähmaschinen und durch den Bernina-Express der Rhätischen Bahn RhB. Der Pass verbindet das Puschlav mit dem Engadin und hat seinen Scheitelpunkt auf 2328 m ü. M. Schwertransporte zu Wasserkraftwerken und Schaltfeldern werden in der Regel per Bahn ausgeführt. Dabei muss die maximale Radsatzlast der Bahnwaggons eingehalten werden, was die Stückgewichte limitiert. Nun galt es allerdings einen Transformator zu transportieren, der einige Tonnen zu schwer war für einen Bahntransport. Als Lösung des Problems kam nur ein Schwertransport über eine Passstraße in Frage.

Routensuche

Die Alternative war gefunden. Ans Ziel in Bever bei Samedan führen allerdings verschiedene Wege. Die Alpenpässe Maloja, Julier oder Albula schieden alle aus. Das Flugzeug wäre etwas sehr teuer geworden, weshalb der Berninapass die einzig akzeptable Lösung war, obgleich auch nur mit etlichen Hürden. Die erste: mit welcher Achslast darf gefahren werden? Schon die erste Bewilligungsanfrage wurde negativ beantwortet. Dank der Firma Tschudy aus Chur, die sämtliche Transportbegleitungen machte, gelang es, gemeinsam mit dem Tiefbauamt eine gangbare Lösung zu finden. Dazu musste die Achslast auf 10,8 t reduziert werden. Einige Brücken mussten zudem von einem externen Ingenieurbüro überprüft werden. So kam es, dass der Transport insgesamt 54 m lang und 254 t schwer wurde. Neben den Schweizer Behörden mussten aber auch die italienischen Behörden einverstanden

Am Zoll von Campocologno wartet der Transport auf die Weiterfahrt

Oben: Die Strecke schlängelt sich dem Lago di Poschiavo entlang

Die Eisenbahnstrecke wird in S. Antonio gequert

Geparkte Autos lassen die Kurve zu einer Herausforderung werden

sein, denn die Fahrstrecke führt von Tirano im Veltlin zuerst zur Grenze in Campocologno. Die eingegebene Route sollte ursprünglich auf Weisung der italienischen Behörden durch eine andere ersetzt werden, jedoch gibt es auf der amtlichen Route mittlerweile einige Kreisverkehre, die mit dieser Fahrzeugkombination nicht befahrbar sind. So wurde schlussendlich trotzdem die zuerst angedachte Route genehmigt.

Schwertransport durchs Puschlav

Bereits die Leerfahrt hatte es in sich! So durfte die Transportcrew von Tolochenaz über den Julier- und den Berninapass nach Tirano fahren, um den Transformator aufzuladen. Dieser wurde vom Herstellerwerk per Bahn bis nach Tirano gebracht. Dort hätte er sowieso umgeschlagen werden müssen, da die Rhätische Bahn meterspurig ist. Nun wurde er allerdings in die Hochträgerbrücke von Friderici Special gehoben. Diese wurde von Scheuerle einst für Tschudy Chur gebaut und ist hiermit wieder einmal in ihrer alten Heimat im Einsatz. Danach ging es nachts bis zur Grenze in Campocologno. Am nächsten Morgen konnte der Transformatortransport weiterfahren. Für den Transport über den Pass war eine Tagfahrt geplant, die die Risiken minimierte. Durch Campocologno ging es noch recht zügig, vor Poschiavo musste jedoch an einigen Stellen mit der Bahn gerechnet werden, weshalb eine Absprache mit der Bahnbetriebsleitung notwendig war. In Poschiavo angelangt wurde es zuweilen sehr eng. Hier galt es, neben den historischen Gebäuden, die eng beieinanderstehen, zwei Brückenpassagen zu bewältigen. Dabei mussten Parkplätze von örtlichen Läden erst geräumt werden, bevor es mit angehobener Seitenträgerbrücke über die Motorhaube eines geparkten Autos weiterging. Danach folgten die erste Brücke und weitere alte Häuser, die nur unter Ausnutzung des komplett zur Verfügung stehenden Platzes passiert werden konnten. Nach einigen Metern hielt eine Baustelle den Transport kurz auf, bevor es über die nächste Brücke ging. Hier waren vorher die Leitplanken demontiert worden, allerdings nicht alle Träger abgeflext,

In Poschiavo muss links abgebogen werden

Gleich nach der Brückenüberquerung wurde rechts abgebogen. Dabei mussten historische Gebäude berücksichtigt werden

Dank des Auslegens von Hölzern konnte der Bürgersteig befahren werden

Die Leitplanken waren zuvor demontiert worden. Da nicht alle Stützen demontiert worden waren, mussten die letzten nun mit der Flex entfernt werden.

Diesen engen Tunnel musste der Transport passieren. Mehr als Schritttempo ging hier absolut nicht.

Der Trafo und die beiden Seitenträger konnten das Nadelöhr passieren, dem Transportteam fiel ein Stein vom Herzen

Noch eine letzte Konzentration, dann hatte es auch das Stoßfahrzeug geschafft

Ab jetzt ging es bergauf

weshalb nachgearbeitet werden musste. Die nachfolgende Kurve führte wieder zwischen Häusern hindurch. Nachdem diese Ansammlung von Hindernissen passiert war, wurde es in San Carlo wieder spannend. Hier musste nämlich ein Gebäude durchquert werden, das über der Straße steht. Nur fünf bis zehn Zentimeter auf jeder Seite war Platz, um die Seitenträger und den Trafo ohne Schaden für Haus oder Transportgut durch dieses Nadelöhr zu manövrieren. Der Transportcrew fiel nach diesem Passieren ein ganz großer Stein vom Herzen. Dafür fing nun die Passstraße mit bis zu 10 % Steigung an. Von da an kamen die beiden Mercedes-Benz Arocs 4163 SLT mit ihren jeweils rund 630 PS ordentlich ins Schnaufen. Langsam aber stetig steigt die Straße, der Transport kämpfte sich Höhenmeter für Höhenmeter bergan. Zwischendurch wurde immer wieder angehalten, um den Verkehr vorbei zu lassen. Die Bernina-Passstraße ist von Touristen, die rasch vorwärts kommen wollen, stark frequentiert. Ein Schwertransport stößt hier auf wenig Verständnis. Trotzdem kam man stetig voran, obwohl zwei weitere Baustellen den Vorwärtsdrang bremsten. Kurz vor der geplanten Pause war noch eine Haarnadelkurve zu meistern. Da war viel Präzision und Erfahrung gefragt, denn die beiden Fahrwerke standen fast gegeneinander und der Achslastausgleich sorgte dafür, dass die obersten Achsen fast keinen Hydraulikdruck mehr abbekamen während die untersten stark belastet wurden. Ebenso wenig konnten sich Zug- und Schubmaschine helfen. Bei dieser Kurve musste mehrfach angesetzt werden, bevor sie in geringem Schritttempo durchfahren werden konnte. Danach hatte sich die Transportcrew ihre Mittagsrast redlich verdient. Nach der Pause warteten noch einige ähnliche Kurven, um die Passhöhe zu erreichen. Oben angekommen wurde erstmal kurz angehalten, um Erinnerungsfotos zu schießen. Offenbar rechnete auch André Friderici nicht damit, schon bald einen ähnlichen Transport zu machen. Nach der Passhöhe fuhr der Transport bis zum ersten Etappenziel bei der Talstation der Lagalp Bahn, die nur im Winter in Betrieb ist.

Umbauaktionen

Am nächsten Tag ging es nur einige Kilometer weiter, da für die nächsten Kurven der Transformator auf einen 9-achsigen Semisattelzug umgeladen werden musste. Nicht nur die Transportlänge wäre hier zum Problem geworden, sondern auch der Kurvenversatz von bis zu 1,5 m.

Für die Umbauaktion hatte Friderici einen Kranlastwagen und den dritten SLT mit dem 9-achsigen Semi mitgebracht. Der Transformator wurde auf Elefantenfüße gestellt, die Seitenträger wurden abgebaut. Die Brückenadapter wurden einzeln durch die Kurven gefahren und in einer Kiesgrube abgestellt, schließlich wurden sie nach den beiden Morteratsch-Kurven gebraucht. Die Umbauaktion dauert den ganzen Tag. Am dritten Tag wurde der Transformator mit dem Semi durch die Morteratsch-Kurven gebracht. Und auch mit dem Semi ging es in die Kiesgrube, wo die die Seitenträgerbrücke wieder um den Trafo herum zusammengebaut wurde.

Erst am darauffolgenden Montag wurde der Transformator von der Kiesgrube bei Pontresina bis ins Schaltfeld von Bever transportiert. Hier galt es, auf der Strecke einige Brücken zu unterqueren, weshalb die Lösung mit dem Semi nur kurzfristig eingesetzt werden konnte. Wieder mit der Seitenträgerbrücke ging es somit die letzten Kilometer bis Bever. In Bever angelangt musste der Transport wieder verkürzt werden, um den Transformator ins Schaltfeld zu bekommen. Hier wurde er als sogenannter "Phase Shifter" eingesetzt. Das bedeutet: er regelt den Stromfluss zwischen den verschiedenen Spannungsebenen der überörtlichen Stromnetze.

Die Baustellen am Pass wurden für den Transport präpariert

Mit Volldampf in Richtung Baumgrenze

Eine der Haarnadelkurven des Berninapasses

Kein Durchkommen für den Gegenverkehr

Oben: In den Bergen scheint der Transport klein

Die Passhöhe ist erreicht. Von jetzt an geht es hinab ins Engadin.

Talfahrt vorbei am Stützpunkt des Tiefbauamtes

Nun sind die verschleißlosen Bremssysteme gefordert

Mitte: Abgestellt für die Nacht am Parkplatz der Lagalpbahn

Am nächsten Morgen wird eine weitere Baustelle gemeistert

Umladen des Trafos mit Hilfe von Elefantenfüßen

Einfädeln mit mehrmaligem Umhängen

Mitte: Die Träger für den Trafo müssen mit dem Lastwagenkran eingebracht werden

Nun kann der Trafo auf die Antirutschmatten abgelegt werden

Der Semi lädt den Trafo mit der Fahrzeughydraulik

Gleich kann der Trafo angehoben werden

Oben: Ausfahrt aus der Kiesgrube bei Pontresina, wo das Wochenende verbracht wurde

Mitte: Bei Samedan müssen Tafeln demontiert werden

Unten: Mit der Semikombination wäre man hier nicht unten durchgekommen

Auch so bleiben nur wenige Zentimeter ...

In Bever wird die Hauptstraße als Geisterfahrer verlassen

Nur knapp kann abgebogen werden

Am Schaltfeld angelangt muss der Transport wieder verkürzt werden

Wolfgang Weinbach

Stillleben mit Kran und Presse

Während einer Foto Tour durch den Hafen Köln-Niehl Anfang der 1990er Jahre bot sich dieses interessante „Stillleben mit Kran und Presse" zum Ablichten an. Auf dem Platz war kein einziger Mitarbeiter der beteiligten rheinischen Schwerlastspezialisten Colonia und Baumann aufzufinden, geschweige denn ansprechbar.

Der aus dem Hause Gottwald stammende AMK 500 (ex Riga Mainz), der seit 1985 in Köln beheimatet war, hatte seine rund 90 t schwere Last jedenfalls sicher angeschlagen und war auch schon auf Zug belastet. Bei der sichtbar in die Jahre gekommenen Maschine handelte es sich um das Hauptsegment einer horizontal arbeitenden Schmiedepresse, offensichtlich aus dem Hause Hatebur. Anzunehmen, da nicht an Ort und Stelle beim Maschinenbetreiber auseinandergebrannt, dass das Schwergut auf dem Weg zur mechanischen Überholung zur Firma Hatebur in die Schweiz war. Ein Blick ins benachbarte Hafenbecken zeigte, dass sich der Abschluss der schwergewichtigen Verladung noch etwas hinauszögerte. Ein Transportschiff war jedenfalls noch nicht eingetroffen. Mangels beschriebener vorübergehender „Untätigkeiten" des Transportpersonals konnten die Vermutungen des Fotografen nicht bestätigt werden, dass es sich um

Den Kranriesen von Gottwald hatte man unmittelbar an der Kai-Kante aufgebaut. Der Hub sollte mit komplett eingefahrenem Auslegerpaket bewältigt werden

eine Schmiedepresse aus dem nahegelegenen Ford-Werk handeln könnte. Was die vermissten Mitarbeiter vor Ort betraf, darf vermutet werden, dass diese die Gunst der Stunde nutzend in die unweit gelegene Hafengaststätte Einzug genommen hatten, selbstredend zwecks fachlicher Besprechung der weiteren Vorgehensweise.

Seitens des Bonner Transportspezialisten Baumann hatte man sich für die Verbringung der „Gebrauchtmaschine" im Übrigen für eine vierachsige DB 3544 mit angehängtem Scheuerle-Prismenroller (2 x 4 Achslinien) entschieden. Der eingangs schon angesprochene 500-Tonner mitsamt mehrköpfiger Begleitmannschaft (Masttransporter, Ballasttransport, Hilfskran) war letztendlich für das Einheben der Schmiedepresse zuständig. Aber das hatte ja bekanntlich noch etwas Zeit ....

Die Wetterlage im Raum Köln Niehl war wechselhaft, der Verladebereich war menschenleer, bis auf einen einsamen Fotografen, der jedoch auch unsichtbar blieb ...

Das rheinische Firmen-Duo Colonia und Baumann arbeitete einmal mehr „Hand in Hand", wen ı denn mal jemand vor Ort gewesen wäre.

Die leichten Prismen-Roller aus dem Hause Scheuerle waren auf ihren acht Achslinien lediglich vierfach bereift und verfügten in dieser Ausführung über eine Nutzlast von 106 Tonnen.

Die 3544 hatte mit ihren rund 440 Pferdestärken und der damaligen „Anhänge-Last" leichtes Spiel, wenn man denn einmal in Bewegung war.

Die 3544 war in den 1990er Jahren eine häufig eingesetzte Schwerlastzugmaschine und wurde bei Baumann sowohl mit Ballastpritsche (wie hier), als auch als Sattelzugmaschine eingesetzt.

Da wo große Presskräfte wirken, kommt man mit einem Uhrmacher-Räderwerk nicht weit. Die Zahnräder des Antriebes müssen schon etwas hermachen. In einer solchen Presse wird zuvor durch Induktionsöfen zum Glühen gebrachtes Stangenmaterial von gut 100 mm Stärke bearbeitet, sprich in kurze Stücke gelängt und warmverformt.

Die Wetterlage war, wie beschrieben, „wechselhaft", wie hier der Hintergrund eindrucksvoll belegt

Oliver Thum

Trafo für Hochgebirgsbaustelle

Transport auf über 2000 m Seehöhe

Momentan wird in Kühtai/Tirol von dem Kraftwerksbetreiber TIWAG (Tiroler Wasserkraft AG) die bereits seit 1980 bestehende Kraftwerksgruppe Sellrain-Silz ausgebaut. (www.erneuerbareplus.at) Zusätzlich zum Speicher Finstertal mit 60 Millionen m^3 Nutzinhalt und dem Speicher Längental mit 3 Millionen m^3 Nutzinhalt wird der neue Speicher Kühtai mit einem Nutzinhalt von 31 Millionen m^3 gebaut. Ebenfalls wird das Kraftwerk Kühtai 2 ein Pumpspeicher-Kavernen-Kraftwerk mit einer Leistung von 190 MW neu gebaut. Das Kraftwerk Kühtai 2 mit dem zugehörigen Triebwasserweg – ein Stollen mit einem Durchmesser von 4,5 m – verbindet den neuen Speicher Kühtai und den bestehenden Speicher Finstertal. Das Kraftwerk wird vollkommen unterirdisch in einer Felskaverne errichtet und ist für den Pumpspeicherbetrieb konzipiert. Mit einer Tunnelbohrmaschine wurde vor kurzem mit dem Ausbruch des 25,5 km langen Beileitungsstollen mit 4,2 m Durchmesser begonnen. Im Endstadium wird die Tunnelbohrmaschine bis zu den Wasserfassungen im hinteren Stubaital vorgedrungen sein.

Nicht nur die Tunnelvortriebsmaschine mit einem Bohrkopfantrieb von 4 x 300 MW braucht eine Menge Strom, auch die ganze Baustelleninfrastruktur möchte mit Strom versorgt werden. So wurde im Frühjahr 2021 ein neuer Trafo zum bestehenden Kraftwerk Kühtai 1 gebracht, um die Stromversorgung für die Baustelle sicherzustellen. Der in Slowenien gebaute Trafo mit einem Gewicht von 73 t wurde durch die Firma Prangl in Ljubljana im Herstellerwerk abgeholt und zur Baustelle nach Kühtai in Tirol gebracht. Nach dreitägiger Reise war das Ziel erreicht, man konnte mit der Fundamentstellung beginnen.

Mit einer MAN TGX 41.680 Schwerlastzugmaschine und einer achtachsigen Faymonville Tiefladerkombination ist man im April 2021 spät nachts im Ort Kühtai auf über 2000 m Seehöhe angekommen. Zusätzlich ist auch noch ein vierachsiger MAN Ladekran für den eventuellen Vorspann auf der bis 18 Prozent steilen Anfahrtsstraße mit dabei.

Nach leichtem Schneefall wartet man nun auf die Weiterfahrt für die letzten 2 km bis zum Zielort

Der Transport ist angekommen und man beginnt …

… rückwärts in das Baustellengelände einzufahren

Gleich nach den ersten Metern bei der Einfahrt gibt es schon eine Geländekuppe, wo man mit dem Tiefbett Bodenkontakt bekommt

Noch einmal etwas Schwung geholt und die Kuppe ist geschafft. Im Hintergrund zu sehen ist der Speicher Längental

Das erste Hindernis wurde durch die Ausnutzung der gesamten Fahrwerkshydraulik geschafft

Auf den letzten Metern der Kuppe ist der volle Lenkeinschlag der hinteren Tiefladerfahrwerke nötig

Nun geht es mit ausreichendem Bodenabstand einige hundert Meter rückwärts flott weiter

Im Hintergrund ist bereits der Zielort, das bestehende Kraftwerk Kühtai 1 zu sehen. Hinter dem Kraftwerk sieht man ein wenig die Baustelleneinrichtung für das neue Kraftwerk und den Staudamm.

www.prangl.at
PRANGL
MAN
M-TRUCK
GU 551LL

Kurz vor dem Kraftwerk Kühtai 1 wartet nochmals ein Hindernis in Form einer Kuppe, welche aber ebenfalls unter vollster Ausnutzung der Fahrwerkshydraulik ohne Probleme überfahren werden kann

Zügig geht es nun die letzten Meter neben dem bestehenden Kraftwerk Kühtai 1 zum Abladeort

Die letzte Kurve und wir sind da. Jetzt beginnt jedoch der schwierigste Teil der Anfahrt…

...die Einfahrt in das kleine Umspannwerk hat es in sich

Hier muss auch wieder eine Geländekuppe überwunden werden. Allerdings ist genau dort, wo sich die Zugmaschine befindet, kein fester und trockener Boden mehr vorhanden.

Zuerst wird die Fahrwerkshydraulik wieder auf das Maximale ausgefahren, um den nötigen Abstand zum Boden zu erreichen

Es kommt, wie es kommen musste: Die Antriebsräder der Zugmaschine drehen auf dem nassen und nicht so gut verdichteten Boden durch.

Da der vierachsige MAN Ladekran ja auch vor Ort ist, verwendet man diesen zum Ziehen der schweren Tiefladerkombination

Der Abladeort ist erreicht und man beginnt mit den Vorarbeiten

Viel Prangl-Equipment auf der Baustelle! Der Ladekran hat seine Arbeit aufgenommen, der dreiachsige Volvo mit Kofferaufbau von der Montagekolonne ist auch angekommen und ein kleiner Geländestapler verteilt die Gitterboxen mit Montagematerial.

Der Volvo mit Kofferaufbau und Ladebordwand ist fixer Bestandteil der Montagekolonne und enthält sämtliches Montagematerial

Die Tiefladerkombination ist ganz auf den Boden abgesenkt und man beginnt mit dem Aufbau der hydraulischen Verschubbahn

Vorbereitungen wie Holzstapel bauen und das Positionieren der Hydraulikpressen sind im Gange

Vom Steuerstand aus können die Hydraulikzylinder millimetergenau gesteuert werden. Der Steuerstand ist direkt neben dem Trafo und der Verschubbahn, damit der Bediener alles im Blick hat.

Der Trafo befindet sich bereits auf der Verschubbahn, weitere Schritte folgen

Der seitliche Verschub hat begonnen

Viel schweres Hartholz musste geschleppt und gestapelt werden, um die Verschubbahn ordentlich und sicher zu bauen

Der Tieflader hat bereits seine Abfahrposition eingenommen. Der Verschub des Trafos schreitet voran.

Der Tieflader verlässt seine Abladeposition und es werden Vorarbeiten für den Rückbau der Fahrwerksachsen getroffen

Der Trafo auf der Vorschubbahn hat sein Ziel fast erreicht. Letzte Handgriffe werden erledigt.

Das ideale Wetter für einen Tiefladerrückbau, das jeden Fahrer freut. Von Sonnenschein bis Eisregen und Schneefall war an diesem Tag alles vorhanden.

Die vorderen Dreiachs-Fahrwerke mit Schwanenhals sind bereits vom Tiefbett abgekuppelt

Ohne Zuhilfenahme eines Krans ist bei dieser Tiefladerkombination das Aufladen der Achsfahrwerke auf das Tiefbett möglich

Unter vollster Ausnutzung der hydraulischen Achsfahrwerke ist ein Verladen in kürzester Zeit erledigt

Das Achsfahrwerk ist verladen, der Schwanenhals wird abgekoppelt und…

…am darunterliegenden Tiefbett wieder angekoppelt

Mit Ketten noch fest verzurrt und einer Abfahrt steht nichts mehr im Wege

Die kompakte Tiefladerkombination vor der Abfahrt im Ort Kühtai

Erich Urweider

Brückenabbruch Winterthur

Schweizer Premiere

In Winterthur wurde in der Nacht vom 15. auf den 16. August 2015 die nach der Mathematikerin Barbara Reinhart (1730 – 1796) benannte Brücke über die Seenerstrasse abgerissen. Nun, ein Brückenabriss über eine vielbefahrene Straße ist normalerweise mit großen Lärmemissionen und einer längeren Straßensperrung einhergehend. Hier allerdings spielte sich etwas für die Schweiz Neues ab. So wurde die Brücke, die aus Stahl-Längsträgern und Beton besteht, nicht konventionell abgerissen, sondern sie wurde komplett ausgehoben – und das zuerst ohne Kran.

So ging es zunächst doch nicht ohne Sperrung der Seenerstrasse. Sie wurde am Samstagabend um etwa 19:00 Uhr gesperrt. Anschließend kam das Herzstück der Operation zum Zuge – oder besser gesagt – auf die Straße. Ein SPMT (Self Propelled Modular Transporter) aus dem Hause Goldhofer vom Typ PST fuhr beladen mit zwei Überseecontainern und einem Stahlträgerkonstrukt unter die Brücke, um diese anzuheben. Das war dank 360°-Lenkung kein großes Problem, denn man kann damit auch seitwärts fahren, ohne sich extrem anstrengen zu müssen. Nachdem der Selbstfahrer positioniert war, konnte mit dem sogenannten Andrücken begonnen werden. Damit ist gemeint, dass die Brücke mit Hilfe der Fahrzeughydraulik leicht angehoben wird, allerdings noch in ihren Lagern gehalten wird. Nach einer ersten Sicherung durch Mitarbeiter von Feldmann und Schwer-

Unter Begleitung der Stadtpolizei Winterthur wird der Selbstfahrer vom Installationsplatz zur Abbruchbaustelle geführt. Abseits der Straße konnte der Selbstfahrer auf diesem Platz bereits problemlos auf seine Aufgabe vorbereitet werden.

lastLogistik mit 20 Tonnen Ketten wurden die Stahllängsträger mit dem Schneidbrenner abgetrennt. Wo nötig, da wurde mit dem Abbruchmeißel am Bagger noch etwas Beton weggespitzt. Nach der vollständigen Abtrennung der Brücke wurde diese nun mit der Fahrzeughydraulik komplett angehoben und durch den Operateur des aus Deutschland gemieteten Selbstfahrers ausgefahren. Nachdem die rund 150 Tonnen schwere Brücke nun nur noch auf der Lastaufnahme lag und das Fahrzeug 90° abgedreht wurde, konnte die Fahrzeughydraulik wieder abgesenkt werden. Dies geschah, damit der hohe Schwerpunkt und die Breite von 9 Metern bei 21 Meter Länge nicht zum Problem wurde. Schließlich hätte das Fahrzeug sonst kippen können. Anschließend wurde die Brücke etwa 800 Meter weit ins Quartier Hegi transportiert, wo sie auf einem Installationsplatz durch zwei Mobilkrane abgeladen wurde. Hier wurde sie dann abseits der Straße fachgerecht zertrennt und recycelt. Erst aber musste das Gefährt, das doch sehr stark an einen Brückenpanzer der Armee erinnerte, dorthin kommen. Dafür galt es zuerst, einen kleinen Anstieg zu meistern, wobei hier die Achslast auf bis zu 40 Tonnen stieg. Danach waren diverse Verkehrsinseln zu überfahren und eine Kabelbrücke einer Baustelle zu unterqueren. Alles aber funktionierte in gemächlichem Tempo und ohne große Probleme.

Dies ist nicht nur der akribischen Vorbereitung der beteiligten Firmen Feldmann Kran + Transport AG Bilten und SchwerlastLogistik Lenzburg zu verdanken, die für die Winterthurer Baufirma ZANI AG die Brücke aus ihrem Fundament gehoben hatten und anschließend zum Deinstallationsplatz gebracht hatten. Auch der besonnene und ruhige Fahrstil des SPMT-Operateurs führte zum Erfolg dieser Premiere, die sich eventuell ja wiederholen wird. So sind noch einige Brücken in der Schweiz zu ersetzen. Und diese Methode bietet sich bei flachen Brücken, die über stark frequentierte Straßen führen, geradezu an.

Um schlussendlich richtig herum unter der abzureißenden Brücke zu stehen, musste der Selbstfahrer erstmal richtig auf die Straße gestellt werden. Ein direktes Abbiegen war nicht möglich, da dann die Kurve zu eng gewesen wäre.

Nun geht es zur Brücke. Hätte man die Brücke konventionell abgebrochen, dann wäre die Seenerstraße, die hier bereits gesperrt ist, wesentlich länger gesperrt gewesen. Und die Lärmbelastung für die Anwohner wäre erheblich stärker gewesen.

Halbwegs in Position ging es dann darum, vorsichtig unter die Brücke zu manövrieren

Mit um 90° abgedrehten Rädern ging das Manövrieren natürlich sehr elegant und zeitsparend, da nicht hin und her geschaukelt werden musste

Mit Hilfe von Einweisern wurde die Brücke exakt auf den Lastaufnahmeträgern positioniert

Nach dem Andrücken wurde mit dem Abschneiden der restlichen Brückenbefestigungen begonnen. Brennschneider und Hydraulikmeißel waren wertvolle Werkzeuge.

Die Brücke musste mit stabilen Gurten und Ketten auf den Selbstfahrer gezurrt werden. Nicht auszudenken, wenn sie vom Ladegestell gerutscht wäre .

Mit Hilfe der Fahrzeughydraulik wurde die Brücke angehoben und anschließend ausgefahren. Ohne ein Hin und Herschaukeln ging es diesmal nicht. Der hohe Schwerpunkt ließ die einfache Variante vom Abdrehen der Räder nun nicht mehr zu.

Auch so wurde noch ein rechter Lenkeinschlag erreicht. Die Brücke kam langsam in die Fahrposition.

Noch etwas zurück und es war geschafft ...

Wie ein Brückenpanzers der Armee bewegte sich die ehemalige Brücke in Richtung Installationsplatz

Aber noch gab es einiges zu tun. Der Anstieg auf die nächste Querstraße hatte es in sich.

Oben wartete bereits eine enge Abbiegung. Hinzu kamen etliche Bäume, deren Kronen ebenfalls in den Weg ragten.

Zum Glück war der hydraulische Ausgleich bereits erfunden. So blieb der SPMT in der Waage und trotz hohen Lastschwerpunkts können solche Verkehrsinseln mit der nötigen Vorsicht überfahren werden.

Nun waren es nur noch ein paar hundert Meter bis zum Ziel. Allerdings gab es auch auf dieser kurzen Strecke noch Hindernisse ...

Zum Beispiel diese Kabelbrücke, die unterquert werden musste. Allerdings tönt es schon komisch, wenn mit einer Brücke eine darüberstehende Brücke unterquert werden muss.

Der Installationsplatz ist erreicht. Hier wurde die Brücke dann abseits jeden Verkehrs in aller Ruhe zerlegt und dem Recyclingprozess zugeführt.

Erich Urweider

Russische Triebzüge auf Schweizer Straßen

Am 12. Februar 2013 entschied sich das russische Unternehmen Aeroexpress, bei der Firma Stadler insgesamt 25 Doppelstocktriebzüge der Bauart KISS (Komfortabler Inovativer Spurtstarker S-Bahn-Zug) zu beschaffen. Weiterhin besteht eine Option auf weitere 13 Züge. Der Auftrag teilt sich in neun sechsteilige und 16 vierteilige Kompositionen auf und hat einen Wert von 381 Mio. Euro. Da die ersten Züge im zweiten Quartal 2015 mit Zulassung und Typenprüfung ausgeliefert werden mussten, drängte die Zeit und die ersten vier Kompositionen wurden in der Schweiz im Stadler-Werk Altenrhein aufgebaut. Und von hier wurden sie ins rund 2400 Kilometer entfernte Stadler Werk in Minsk transportiert. Nun haben die russischen Bahnen nicht nur eine andere Spurweite (1524 mm), nein, sie haben auch ein größeres Lichtraumprofil, das den Transport auf der Schiene unmöglich machte. Die Kompositionen wurden daher ihres Drehgestells beraubt und kamen mit einem Ausnahmetransport nach Basel. Dieser Transport benötigte für die jeweils 272 Kilometer Wegstrecke drei Nächte und beschäftigte insgesamt 35 Personen. Letztlich wurden 20 Straßentransporte mit den Wagenkästen durchgeführt. Die Fahrgestelle kamen separat in den Auhafen bei Basel, wo die Wagen komplettiert wurden.

20 Transporte hatte die Firma Emil Egger Spezialtransporte aus St. Gallen für die Firma Stadler-Rail auszuführen. Die ersten 14 gingen ab Mitte August 2014 über die Bühne. Es wurde jeweils eine ganze Komposition bestehend aus

Zwei Autokrane von Egger stehen hubbereit, um den ersten Endwagen in die Kesselbrücke zu heben

Der Wagenkasten passt genau zwischen die beiden Seitenträger

zwei oder vier Mittelwagen und je zwei Endwagen transportiert. Ein Transport über 272 Kilometer dauert jeweils drei Nächte. Speziell im Bereich Schwertransport war die Zugmaschine des Transportes, denn IVECO spielte im Schwerlastmarkt eine eher untergeordnete Rolle.

Das Werk Altenrhein befindet sich gegenüber vom Flughafen. Hier wurde einst die legendäre Dornier Do-X zusammengebaut. Die in auffälligem Rot lackierten Waggons sind vom Lichtraumprofil her zu hoch und zu breit für die Schweizer Bahnen und konnten daher nur auf der Straße transportiert werden. Um den Straßentransport durchführen zu können, mussten diese ihrer Drehgestelle beraubt werden, denn wenn diese montiert gewesen wären, wäre der Wagen 5.24 Meter hoch und würde unter keiner Brücke hindurch gepasst haben. Die Wagen wurden jeweils mit zwei Pneukranen in die Hubhebelkesselbrücke der Firma Paule gehoben. Die Kesselbrücke wurde von Emil Egger gemietet, da es in der Schweiz keine vergleichbare gibt. Diese Kesselbrücke wäre auf jeden Fall zum Einsatz gekommen, denn von insgesamt fünf Offerten wurde Paule fünf Mal angefragt. Nach dem Verladen und Sichern des Wagenkastens wurde das Werk über die hintere Ausfahrt verlassen. Anschließend wurde über das Gelände der Firma Gebrüder Weiss abgebogen. Mit 50 Meter Länge, die mit aufgeladenem Endwagen erreicht waren, war das Abbiegen beim Kreisverkehr unmöglich. Die Mittelwagen waren zwar etwas kürzer, aber auch mit diesen war das Abbiegen im Kreisel nicht machbar. Weiter ging es durch den Kanton Thurgau bis dann in Neunforn ein Tag Pause sein musste. In der zweiten Nacht ging es weiter durch den Kanton Zürich. Bei Niederweningen fand der Polizeibegleitungswechsel statt. Dann wurde das Surbtal durchfahren und in Endingen warteten jeweils bis zu 500 Leute, um den Fahrkünsten des Fahrers zuzuschauen. Dort musste der Zug ein Stück rückwärts fahren, damit anschließend die Abbiegung genommen werden konnte. Danach ging es weiter durch den Aargau. In Erlinsbach wurde das letzte heikle Manöver der zweiten Nacht vollbracht. Vorwärts ging es auf den Dorfplatz und rückwärts wieder in die Hauptstraße, denn ein direktes Abbiegen war nicht möglich. Um dieses Manöver ausführen zu können, musste der Dorfbrunnen demontiert werden. Anschließend wurde erneut eine Pause gemacht. Die letzte Transportnacht führte dann jeweils durch den Kanton Solothurn über den oberen Hauenstein und via Waldenburg in

Richtung Rheinhafen in Muttenz. Im Auhafen wurde der Wagenkasten jeweils abgeladen und gleich mit den Drehgestellen komplettiert. Wenn dann eine Komposition komplett im Hafen angekommen war, wurde sie auf ein Rheinschiff verladen und nach Amsterdam transportiert.

Die erste 6-teilige Komposition war am 6. September bereit, um auf ein Rheinschiff verladen zu werden. Dieses brachte den kompletten Zug nach Amsterdam, wo er ein weiteres Mal umgeschlagen wurde. Auf einem Küstenmotorschiff wurde die Komposition dann weitertransportiert nach Sassnitz auf der Insel Rügen. Sassnitz war früher ein großer Umschlagpunkt der ehemaligen DDR, die schon früher Fährverbindungen nach Schweden, Dänemark, Finnland, ins Baltikum und so auch nach Russland unterhielt. Daher sind sowohl der Bahnhof als auch die Schienenfährenanleger auf russische Breitspur ausgelegt und ermöglichen so, dass die Triebwagen von Stadler hier zusammengehängt werden konnten. Von hier aus wurden sie mit der Fähre MS Kauna nach Klaipéda in Litauen gebracht. Von dort zog sie dann eine Lokomotive nach Minsk, wo das Finish erfolgte. Anschließend wurden die Inbetriebsetzungsversuche gefahren und die Zugskompositionen wurden in Moskau durch die Behörden und die künftigen Betreiber abgenommen. Die Erfahrung mit Zügen für Norwegen und Finnland sollten hier weiterhelfen, sodass die russischen Züge auch bis minus 40° C problemlos funktionieren sollten.

Einige Kennzahlen zum verladenen 6-teiligen Aeroexpress, der Moskau schlussendlich mit den drei internationalen Flughäfen (Sheremetyevo, Vnukovo und Domodedovo) verbinden wird. Betrieben wird die Komposition mit 3kV Gleichstrom. Sie hat 84 Sitzplätze in der ersten und 616 Sitzplätze in der zweiten Klasse. Dazu kommen acht Klappsitze und 842 Stehplätze. Die Komposition ist über die Kupplung 155.1 m lang, 3.4 m breit, 5.24m hoch und wiegt 349 Ton-

Abfahrbereit präsentiert sich die Schwerlastkombination vor dem ehemaligen Dornier-Werk, wo heute high-tech-Züge entstehen

nen. Die Dauerleistung am Triebrad beträgt 3200 kW und die maximale Leistung 5200 kW. Mit einer Anfahrzugkraft von 400 kN wird bis 60 km/h eine Beschleunigung von 0,8 m/s^2 erreicht. Die Höchstgeschwindigkeit beträgt 160 km/h. Die Wagen sind rund 75 cm höher als mitteleuropäische, wodurch der Platz für Handgepäck oberhalb der Sitze größer ausfällt als bei uns. Rucksäcke lassen sich so problemlos unterbringen, was bei den SBB leider nicht immer möglich ist. Wegen der größeren Breite lässt sich ein zusätzlicher Sitz installieren, wodurch es zu Sechser- und Vierer-Abteilen kommt. Der Innenraum wirkt freundlich und hell. Für einen guten Passagierfluss sorgen die großzügigen Einstiegsbereiche und die 13 Einstiegstüren pro Seite. Für den Lokführer sind die Führerstände ergonomisch gestaltet und die Zugleittechnik ist in CAN-open Bus-Technik gebaut (ähnlich einem CAN-Bus-System im Auto).

Die Bilder sind in geographischer Reihenfolge angeordnet, nicht in chronologischer

Via Hinterausgang wurde das Werk verlassen, da hier die Einmündung einfach zu durchqueren war

Nur ein paar Meter weiter ging es wieder rechts Richtung Firmengelände einer Spedition. Damit konnte der nächste Kreisverkehr umschifft werden. Im Hintergrund ist der Flughafen Altenrhein.

Das Arbeiten der Achsen über die provisorische Ausfahrt ist auf dieser Aufnahme gut zu erkennen

Der Seitenträger streifte fast am Boden, bis die Ausfahrt gemeistert war und der komplette Transport auf der Straße stand

Vor dem Kreisverkehr in Pfungen

Auch dieser Kreisverkehr ist für Schwertransporte gebaut, wie an der Schwerlastspur zu erkennen ist

Oben: Die zweite Pause wurde nach Erlinsbach abgehalten. Der Wagen wurde dabei von einem Sicherheitsdienst bewacht, damit keine Vandalen wüten konnten.

Die Iveco-SIVI-Zugmaschine unter warmer Augustsonne

Die Transportkombination von hinten, gut zu erkennen ist die Aussparung für den Pantographen

Die S-Kurve in Niedergösgen stellte ein Hindernis dar, vor allem mit den längeren Endwagen

Im Oktober kam der letzte Transport mit einem Endwagen durch Niedergösgen. Damit die Steigung überfahren werden konnte, musste die Hubhebelbrücke ordentlich angehoben werden.

Gleich anschließend ging es entlang der geparkten Autos knapp an Bäumen und Betonblöcken vorbei

Mit dem Endwagen konnten rechts keine Autos parken, da sonst nicht abgebogen werden konnte

Eine Woche später kam der nächste Wagen durch Niedergösgen, obwohl die Kurven hier großzügig angelegt sind, musste auch die Gegenspur benutzt werden, um die Kurven meistern zu können

Auf der hinteren Bedienplattform ist Platz für den Mann, der nachlenkt

In Winznau durfte jedes Mal die Baustellen-Abschrankung verschoben werden, damit der Transport passieren konnte

Mitte: Nach der Baustelle in Winznau folgte ein Kreisverkehr, der allerdings fast gerade durchfahren werden konnte

Die Unterführung in Trimbach konnte nur passiert werden, indem die Kesselbrücke soweit wie möglich abgesenkt wurde

Die Citykreuzung kann unter Ausnutzung des vorhandenen Platzes in einem Zug genommen werden

Mitte: Der Platz wird knapp, aber es reicht, um um die Ecke zu kommen

Unter Ausnutzung des Gehwegs geht es ganz knapp unter der Lichtsignalanlage hindurch

Die Citykreuzung musste diesmal anders genommen werden, erst geradeaus in die Einbahnstraße, anschließend rückwärts wieder auf die richtige Straße

Mitte: Haarscharf ging es an der Ampel vorbei und über die Schutzinsel, da gleichzeitig unter der Ampelbrücke hindurchgekommen werden musste

In Hägendorf wurde der Teufelsschluchtkreisverkehr auf der falschen Seite gequert, da es sonst unmöglich gewesen wäre, um den Kreisverkehr herumzukommen

Die Kesselbrücke wurde nach dem Abladen im Auhafen auseinandergebaut

Die Geleise wurden als Richtschnur zum Einspuren genutzt

Blick auf den 300 t Kran, der mit dem maximal etwa 50 t schweren Wagen leichtes Spiel hat.

Auch der zweite Endwagen wird bald auf dem Schiff verladen sein

Blick in einen Mittelwagen

Auf dem Rhein sind die ersten sechs Wagen in Richtung Amsterdam unterwegs (Foto: Stadler Rail AG)

Michael Müller

Messezeltaufbau in Gütersloh

Der größte Küchenhersteller in Europa wollte auf Grund von coronabedingten Messeabsagen eine Hausmesse durchführen. So wurde einer der firmeneigenen Parkplätze hergerichtet, um ein Pagodenzelt zu errichten. Der Voraufbau erfolgte in Bodennähe, nur zum Aufrichten waren vier Krane nötig, um das Zelt gleichmäßig nach oben zu ziehen. Das Zeltdach wog um die 40 Tonnen einschließlich der aufwändigen Unterkonstruktion. Nachdem alles am Platz war, wurden die Stützen verbolzt und das Zelt montiert. Die Hubarbeiten erledigte Jandt Autokrane aus Bielefeld zügig und erfolgreich, sodass die Hausmesse pünktlich starten konnte.

Anfahrt des ersten Krans auf das Werksgelände, es ist ein Liebherr LTM 1100 – 5.2.

Nach dem Erreichen der gekennzeichneten Position wird der Kran ganz exakt positioniert.

Durch die Allradlenkung ist ein sehr genaues Positionieren des Kranes möglich. Alle vier Krane müssen auf einem genau vorbestimmten Punkt stehen, damit die Hubkräfte gleichmäßig in die filigrane Zeltkonstruktion eingeleitet werden und das Dach gleichmäßig angehoben werden kann. Anschließend werden die Stützen ausgefahren und der Kran wird abgestützt.

Hier kommt der größte Kran der Firma Jandt. Es ist ein Liebherr LTM 1250 – 5.1. Auch er fährt an seine vorgesehene Position. Als einziger Kran benötigt er für diesen Lastfalleinsatz keinen Ballast.

Ein weiteres Fahrzeug kommt an, es ist ein Liebherr LTM 1090 -4.2. Auch das fährt gleich zu seiner Position und wird aufgerüstet.

Als letzter Kran erreicht der Liebherr LTM 1100 5 – 5.2 den Ort, auch er wird genauestens positioniert.

Beide Krane werden sofort abgestützt und aufgerichtet. Die Hakenflaschen werden aus der Halteposition gelöst.

Der LTM 1090 – 4.2 muss noch etwas zusätzlichen Ballast aufnehmen, der auf einem Ballastanhänger (übrigens gebaut vom Autor) transportiert wird.

Alle Krane haben nun jeweils vier gleich lange Schlupfseile am großen Haken angeschlagen. Auch die Teleskopmastausschübe werden in die vorbestimmte Position gefahren.

Los geht's! Die Mannschaft des Zeltaufbauers geht an die jeweiligen Stellen, um anschließend die Schlupfseile an den vorbestimmten Anschlagpunkten zu befestigen. An jedem Hubpunkt kommen vier Seile zum Einsatz.

Allmählich wird Seil für Seil befestigt, alles passiert gewissenhaft und routiniert. Schließlich sind alle Seile „fest" und man ist zugbereit. Das ca. 40 Tonnen schwere Pagodendach kann genau senkrecht angehoben werden.

Der „Aufbaumeister" umrundet das ganze Geschehen mehrmals und gibt noch kurze Kommandos.

Dann erhebt sich ganz langsam und gleichmäßig die gesamte Dachkonstruktion. Nun erkennt man noch die flach liegenden Stützen, die jedoch am Dach befestigt sind und so mit jedem Zentimeter Höhe entsprechend mitrutschen. Dieses geschieht unter genauester Beobachtung, sodass sich keinesfalls etwas verklemmt.

Hier sieht man sehr schön die nachrutschenden Stützen. Es geht stetig weiter aufwärts im Gleichtakt, bis die Stützen gerade stehen und dann in den Bodenkonstruktionen fest verankert werden können.

In Ruhe werden die Stützen entsprechend befestigt und mit Windverbänden gesichert. Das Zelt erhält noch mehrere Sicherungen, um bei einem eventuellen Sturm entsprechend stabil zu sein.

Erst nachdem alles gesichert ist, entlasten die Krane das Dach. Ein außergewöhnlicher Einsatz ist zur vollen Zufriedenheit beendet.

Kleiner Auszug aus unserem Programm

Rennmax, Horex-Gespann, Güldner SS 25, Münch 500 RS, Norton 18H, Opel, MZ 125 RE, Condor D 50, NSU OSL, FKS 250/500, Parilla 250 und andere

144 Seiten, 320 Bilder, 28 x 22 cm
Festeinband, ISBN 9783861336488
EUR 24,90 Bestellnummer **648**

Gewaltige Tagebaugeräte im Einsatz: Eimerkettenbagger, Schaufelradbagger weltweit, kompakte Schaufelradbagger, Absetzer und Schwimmbagger.

240 Seiten, 770 Bilder, 28 x 21 cm
Festeinband, ISBN 9783751610285
EUR 39,90 Bestellnummer **1028**

Geschichte der Bahnstrecken in Franken, Oberpfalz und Niederbayern, Schwaben und Oberbayern. Exzellente Fotografien, faszinierende Landschaften.

120 Seiten, 310 Bilder, 28 x 21 cm
Festeinband, ISBN 9783751610636
EUR 24,90 Bestellnummer **1063**

Die spannende Geschichte der berühmten Tauernbahn. Strecken, Bahnhöfe, Lokomotiven und die unbeschreiblich schöne Landschaft. Erstklassiger Bildband!

176 Seiten, 480 Bilder, 28 x 22 cm
Festeinband, ISBN 9783751610346
EUR 29,90 Bestellnummer **1034**

Fahrzeuge der Werkfeuerwehren von AEG, Bosch, Grundig, MAN, Siemens, Triumph, Post und Bahn, Quelle, des Flughafens, der US-Army u.a.

220 Seiten, 590 Bilder, 28 x 21 cm
Festeinband, ISBN 9783861339847
EUR 39,90 Bestellnummer **984**

Die schönsten Fotos legendärer Maschinen wie Bücker, Cessna, Fieseler, Focke-Wulf, Junkers, Messerschmitt, Super Constellation, Spitfire und viele andere.

144 Seiten, 280 Bilder, 28 x 21 cm
Festeinband, ISBN 9783861338383
EUR 29,90 Bestellnummer **838**

Fordern Sie unser umfangreiches, kostenloses Gesamtverzeichnis an:

Verlag Podszun Motorbücher GmbH, Elisabethstraße 23-25, 59929 Brilon
Telefon: 02961-53213, Email: info@podszun-verlag.de, Webshop: www.podszun-verlag.de

Der Autor erklärt die Fahrzeuge, liefert technische Daten und schaut hinter die Kulissen des spannenden Reisegewerbes. Für alle Nutzfahrzeugliebhaber.

240 Seiten, 900 Bilder, 28 x 22 cm
Festeinband, ISBN 9783751610650
EUR 39,90 Bestellnummer **1065**

Das Kultbuch für alle VW-Fans. Volkswagen von 1940 bis 1970: Kübelwagen, Käfer, Transporter, Karmann Ghia, VW 1500, 411, K 70 und andere.

128 Seiten, 360 Bilder, 28 x 22 cm
Festeinband, ISBN 9783861334521
EUR 19,90 Bestellnummer **452**

Aufwändig recherchiertes und akribisch bearbeitetes Werk: Die überaus interessante Geschichte des traditionsreichen deutschen Straßenwalzenherstellers.

240 Seiten, 600 Bilder, 28 x 21 cm
Festeinband, ISBN 9783751610292
EUR 39,90 Bestellnummer **1029**

Framo beginnt 1926, muss sich ab 1956 Barkas-Werke nennen. Der Barkas B 1000 erlangt zu DDR-Zeiten eine enorme Popularität. Hier die Geschichte!

120 Seiten, 310 Bilder, 28 x 21 cm
Festeinband, ISBN 9783751610629
EUR 24,90 Bestellnummer **10162**

Die legendären Faun- und O&K-Muldenkipper: Vom ersten K 20 mit 175 PS bis zum Spitzenmodell K100 mit 1065 PS. Exzellente Fotografien.

240 Seiten, 480 Bilder, 28 x 21 cm
Festeinband, ISBN 9783751610643
EUR 29,90 Bestellnummer **1064**

Die Vario-Baureihen vom kleinsten Schmalspurtraktor bis zum 1100 Vario MT mit 673 PS. Daten, Fakten, Erläuterungen und hunderte Fotos.

136 Seiten, 280 Bilder, 28 x 21 cm
Festeinband, ISBN 9783751610339
EUR 29,90 Bestellnummer **1033**